BEI GRIN MACHT SICH IHR WISSEN BEZAHLT

- Wir veröffentlichen Ihre Hausarbeit,
  Bachelor- und Masterarbeit

- Ihr eigenes eBook und Buch -
  weltweit in allen wichtigen Shops

- Verdienen Sie an jedem Verkauf

Jetzt bei www.GRIN.com hochladen
und kostenlos publizieren

Ernst Probst

Phorusrhacos

Der riesige Terrorvogel

GRIN Verlag

Bibliografische Information der Deutschen Nationalbibliothek:

Die Deutsche Bibliothek verzeichnet diese Publikation in der Deutschen National-
bibliografie; detaillierte bibliografische Daten sind im Internet über http://dnb.d-
nb.de/ abrufbar.

Impressum:

Copyright © 2014 GRIN Verlag GmbH
Druck und Bindung: Books on Demand GmbH, Norderstedt Germany
ISBN: 978-3-656-75507-4

Dieses Buch bei GRIN:

http://www.grin.com/de/e-book/281533/phorusrhacos

Ernst Probst

Phorusrhacos

Der riesige Terrorvogel

Foto auf der vorhergehenden Seite:

Modell des Terrorvogels Phorusrhacos
im Dinosaurier-Park beim Ausstellungs- und Verkaufsgebäude
„ Oliv-Art" für Olivenholzprodukte in Manacar auf Mallorca,
Foto: Frank Vincentz bei „ Wikipedia"

*Allen Ornithologen und Paläornithologen
gewidmet*

*Lebensbild des Terrorvogels Phorusrhacos longissimus
und des pflanzenfressenden Huftieres Astropotherium magnum
von Stanton F. Fink bei „Wikipedia"*

Vorwort

Tödliche Tritte

Ein räuberischer Vogel aus Südamerika, der nicht fliegen, aber schnell laufen konnte, steht im Mittelpunkt des Taschenbuches „Phorusrhacos – Der riesige Terrorvogel". Dieser bis zu 2,50 Meter hohe und zu Lebzeiten schätzungsweise maximal 300 Kilogramm schwere Vogel lebte im Mittelmiozän vor 15,9 bis 11,6 Millionen Jahren in Argentinien. Der erste Fund, ein fossiler Unterkiefer, wurde 1887 von einem renommierten argentinischen Naturforscher als Rest eines zahnlosen Säugtieres fehlgedeutet. Zwei Jahre später erkannten zwei andere Experten, dass dieses Fossil in Wirklichkeit von einem großen Vogel stammte. Große Terrorvögel konnten mit Tritten ihrer kräftigen Beine ihre Beutetiere bis zur Größe einer Antilope töten. Eine weitere tödliche Waffe war der große Schnabel. Außer *Phorusrhacos* existierten in Südamerika und später auch in Nordamerika zahlreiche Gattungen und Arten von Terrorvögeln. Unter ihnen war der erst seit 2007 bekannte *Kelenken* mit einer Höhe von mehr als 3 Metern der Größte. Verfasser des Taschenbuches „Phorusrhacos – Der riesige Terrorvogel" ist der Wiesbadener Wissenschaftsautor Ernst Probst, der zahlreiche Werke über urzeitliche Tiere geschrieben hat.

Argentinischer Naturforscher, Zoologe, Paläontologe, Geologe und Anthropologe Florentino Ameghino (1854–1911)

Der riesige Terrorvogel

Phorusrhacos

Argentinien war im Mittelmiozän vor 15,9 bis 11,6 Millionen Jahren die Heimat des räuberischen Terrorvogels *Phorusrhacos longissimus.* Dieser imposante Vogel erreichte eine Höhe bis zu 2,50 Metern und ein Lebendgewicht von schätzungsweise maximal 300 Kilogramm. Mit seinen zurückgebildeten Flügeln konnte er nicht fliegen. Auf seinen bis zu 1,80 Meter langen Beinen, die an den Füßen mit starken Krallen endeten, soll er schnell gelaufen sein.

Die erste wissenschaftliche Beschreibung von *Phorusrhacos longissimus* erfolgte 1887 durch den argentinischen Naturforscher, Zoologen, Paläontologen, Geologen und Anthropologen Florentino Ameghino (1854–1911). Ihm hatte dabei ein fossiler Unterkiefer aus der argentinischen Provinz Santa Cruz vorgelegen, den er zunächst irrtümlich einem zahnlosen Säugetier zuschrieb. Zwei Jahre später änderte Ameghino den Gattungsnamen *Phorusrhacos* in *Phororhacos* ab. Doch ersterer Begriff hatte Vorrang.

1891 erkannten der argentinische Geograph, Anthropologe und Entdecker Perito Moreno (1852–1919), eigentlich Francisco Pascasio Moreno, und der französische Geologe Alcides Mercerat (gestorben 1934), dass der von Ameghino beschriebene Kieferrest von einem großen Vogel stammte. Die Beiden verkannten den Unterkiefer als Oberkiefer.

Moreno und Mercerat beschrieben 1891 in ihrem Werk „Catálogo de los Pájaros Fósiles de la República Argentinia conservados en el Museo de La Plata" etliche Fossilien riesiger Vögel aus dem „La Plata-Museum". Sie rechneten diese Funde der Ordnung Stereornithes und der Familie Stereornithidae zu. Dazu sollte auch *Phorosrhacos* gehören. Ameghino wiederum beschrieb 1891 andere Fossilien als *Phorusrhacos* und ordnete sie nun einem Vogel zu. Zwischen Moreno und Mercerat einerseits sowie Ameghino andererseits begann nun ein Streit

*Argentinischer Geograph,
Anthropologe und Entdecker
Perito Moreno (1852–1919),
eigentlich Francisco Pascasio
Moreno*

*Französischer Geologe
Alcides Mercerat
(gestorben 1934)*

um den frühesten Zeitpunkt der Veröffentlichung von ihnen vorgeschlagener Begriffe. Offenbar hatten Moreno und Mercerat ihren „Catálogo" am 15. April 1891 abgeschlossen und dieser war Mitte Mai 1891 erstmals erschienen. Eines der Werke von Ameghino war am 1. Juni 1891 vollendet und wurde am 11. August 1891 publiziert. Ein weiteres Werk von Ameghino ging im Dezember 1891 in Druck.
Florentino Ameghino studierte als Autodidakt die Gebiete der südlichen Pampa. Dabei trug er die größte Fossiliensammlung der damaligen Zeit zusammen. Diese Sammlung leistete ihm bei seinen bedeutenden geologischen und paläontologischen Studien wichtige Dienste. Außerdem erforschte er den im argentinischen Chelles gefundenen prähistorischen Menschen. Er war ein Schüler des deutschen Naturwissenschaftlers Carlos Germán Burmeister (1807–1892), der ab 1862 als Direktor des „Museo Argentino de Ciencas Naturales Bernardino Rivadavia" in Buenos Aires fungierte.
Ameghino wurde Professor für Zoologie an der „Universität Cordoba" in Argentinien, Direktor einer Abteilung am „Museo de La Plata", das als eines der größten paläontologischen, zoologischen und archäologischen Museen in Südamerika gilt, sowie 1902 Direktor des „Nationalmuseums der Naturwissenschaften" in Buenos Aires. Zu Ehren von Ameghino hat man in Oberá das Naturwissenschaftliche Museum, in Chubut einen Staudamm, im Nordwesten der Provinz Buenos Aires eine Stadt und auf dem Mond einen Krater nach ihm benannt.
Phorusrhacos longissimus gehört zur Familie der Phorusrhacidae (Terrorvögel), die 1889 erstmals von Ameghino beschrieben wurde. Phorusracidae existierten vom Oberen Paläozän vor 58,7 Millionen Jahren bis zum Oberen Pleistozän (Oberes Eiszeitalter) vor 18.000 Jahren. Sie sind vor allem durch Funde aus Südamerika und nur zu einem geringen Teil aus Nordamerika (Florida, Texas) nachge-wiesen. Merkmale der Phorusrhacidae sind ein hoher, an fleischliche Nahrung angepasster Schnabel, ein langer Hals, ein kräftiger Rumpf, Stummelflügel und lange, muskulöse Hinterbeine. Je nach Art waren die Phorusrhacidae einen bis drei Meter hoch und wogen 45 bis 350

Terrorvogel Phorusrhacos longissimus,
Zeichnerische Rekonstrutkion
von User „Ornitholestes" bei „Wikipedia"

Kilogramm. Ihre Stummelflügel eigneten sich bei den meisten Arten nur noch dazu, beim Laufen das Gleichgewicht zu halten.

Ein folgenreiches geologisches Ereignis fand im Pliozän vor etwa 4,5 Millionen Jahren statt. Bei der Kollission zweier Platten der Erdkruste wurde die Pazifische Platte allmählich unter die Karibische Platte gedrückt. Dabei entstand eine Landbrücke (Isthmus von Panama) zwischen Nordamerika und Südamerika, über die Tiere hin und her wandern konnten. Auf diese Weise konnten sich auch die Terrorvögel von Südamerika nach Nordamerika ausbreiten. Als geologisch jüngster Fossilfund galt lange Zeit der bis zu 2,50 Meter hohe und maximal 150 Kilogramm schwere Terrorvogel *Titanis walleri,* der sich bis zum Eiszeitalter vor 1,5 Millionen Jahren in Nordflorida behauptete. Doch 2010 machte eine Forschergruppe um Herculano Alvarenga neue Terrorvogel-Reste aus Uruguay bekannt, die nur ein Alter von etwa 17.620 Jahren haben.

Die Terrorvögel spielten in Südamerika gemeinsam mit den fleischfressenden Beutelsäugern (Beutelhyänen) der Ordnung Sparassodonta und Krokodilen der nach dem ägyptischen Gott Sebek benannten Familie Sebecidae die Rolle der dort fehlenden Raubtiere (Carnivora). Anders als die eher langsamen, fleischfressenden Beutelsäuger und Krokodile spezialisierten sich die Terrorvögel auf schnelle Beutetiere in den ab dem Oligozän vor 27 Millionen Jahren zunehmend offener werdenden Trockenwäldern und Savannen von Südamerika. Gleichzeitig setzte ihr Riesenwuchs ein. Gegen Ende des Miozän vor mehr als fünf Millionen Jahren hatten die Terrorvögel die räuberischen Beutelsäuger völlig aus den Savannen verdrängt.

Im Miozän vor etwa 23 bis 5,3 Millionen Jahren gab es in Patagonien (Argentinien) eine exotische Tierwelt. Zu dieser gehörten außer imposanten Terrorvögeln auch bis zu 3,30 Meter lange und 2 Tonnen schwere Riesengürteltiere (*Glyptodon*) und jaguargroße Beuteltiere (*Thylacosmilus*) mit säbelähnlichen Reißzähnen.

Große Terrorvögel konnten durch Tritte ihrer kräftigen Beine ihre Beutetiere bis zur Größe einer Antilope töten. Eine weitere tödliche

Zeitgenosse des Terrorvogels Phorusrhacos:
tonnenschweres Riesengürteltier (Glyptodon),
Lebensbild des Berliner Tiermalers
Heinrich Harder (1858–1935)

Zeitgenosse des Terrorvogels Phorusrhacos:
jaguargroßes Beuteltier Thylacosmilus
mit säbelähnlichen Reißzähnen.
Lebensbild von User „Rom-diz" bei „Wkipedia"

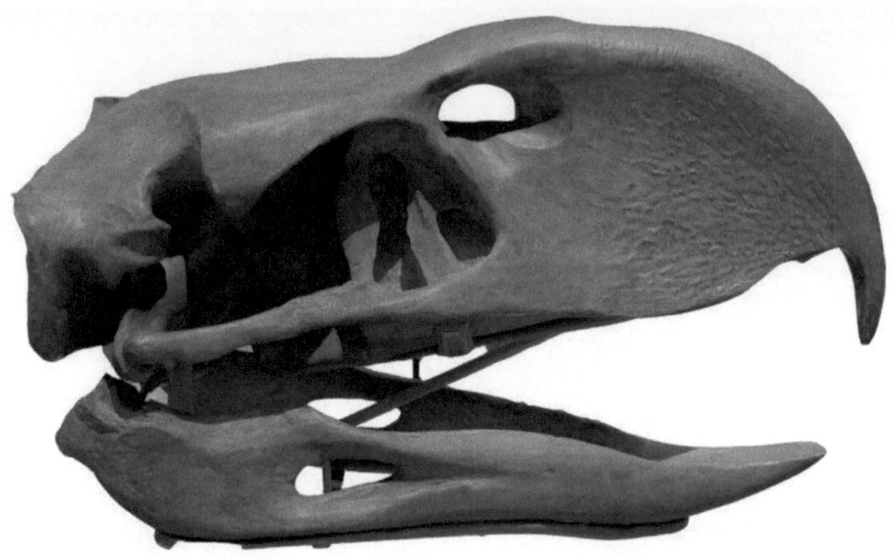

Schädel des Terrorvogels Phorusrhacus longissimus
im „Royal Onotario Museum"
in Toronto (Kanada)

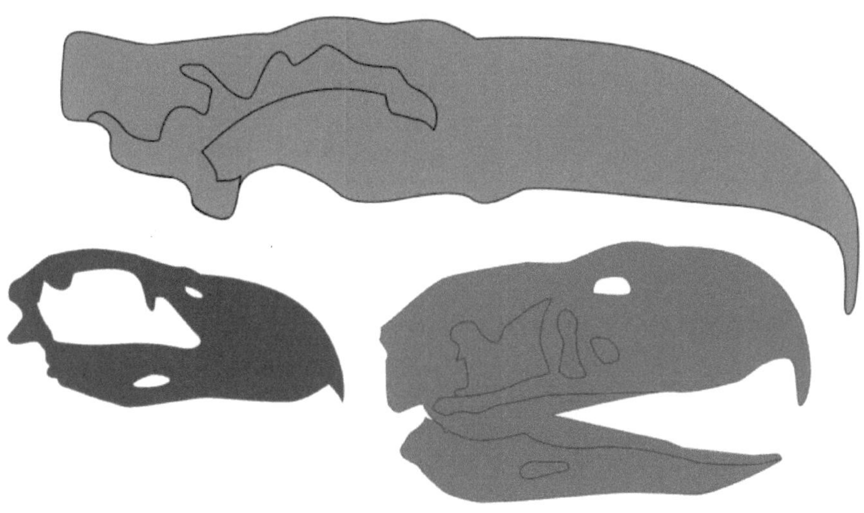

Größenvergleich der Schädel von Terrorvögeln:
Kelenken (oben), Procariama (unten links), Phorusrhacos (unten
rechts). Zeichnung von „Ornitholestes"bei „Wikiepedia"

Jungtier eines Rotfußseriema
(Cariama cristata)

Waffe war der große, meistens hakenförmig gebogene Schnabel. Es existierten aber auch plump gebaute und langsame Terrorvögel, die sich vermutlich von Aas ernährten. Gegen Ende des Pliozän vor mehr als fünf Millionen Jahren starben die Terrorvögel in Südamerika aus. Vielleicht waren sie den neu einwandernden Säbelzahnkatzen und Hunden nicht gewachsen.

Bereits kurz nach ihrer Entdeckung wurden die mutmaßlich fleischfressenden Terrorvögel als Greifvögel betrachtet. Doch schon 1899 wies der britische Wirbeltierpaläontologe Charles W. Andrews (1866–1924) aus London nach, dass es sich um Verwandte der heute noch in südamerikanischen Savannen lebenden Seriemas (Cariamidae) handelt. Die Rotfußseriema aus der Gegenwart erreicht eine Körperlänge bis zu 90 Zentimetern, die Schwarzfußseriema maximal 85 Zentimeter. Seriemas sind langhalsige und hochbeinige Bodenbewohner sowie schnelle Läufer, die eine Geschwindigkeit bis zu 70 Stundenkilometer erreichen können. Sie fressen vor allem Insekten wie Heuschrecken und Käfer.

Als weitere nahe Verwandte der Terrorvögel gelten die ausgestorbenen Familien Bathornithidae aus Nordamerika und die Idiornithidae aus Europa. Diese beiden Gruppen lebten vom Eozän bis zum frühen Oligozän.

Die brasilianischen Wissenschaftler Herculano M. F. Alvarenga und Elizabeth Höfling unterteilten 2003 die Familie Phorusrhacidae in fünf Unterfamilien (Physornithinae, Phorusrhacinae, Patagornithinae, Psilopterinae, Mesembriornithinae), 14 Gattungen und 18 Arten ein. Der Arzt, Ornithologe und Paläontologe Alvarenga hat bereits als Jugendlicher Vögel beobachtet und präpariert. Er ist Gründer und Direktor des „Museums für Naturgeschichte" in Taubaté, die vor allem aus seiner eigenen Sammlung besteht, die er 2002 stiftete und rund 1.500 Exemplare von etwa 500 ausgestorbenen Arten vor allem aus dem Bundesstaat Sao Paulo umfasst.

Zur Unterfamilie Physornithinae gehören zwei große bis sehr große Gattungen mit großen Schnäbeln, schwerem Körperbau und kurzen

Lebensbild des Terrorvogels Paraphysornis
von Nobu Tamura, http://spinops.blogspot.com

Beinen. Fossile Reste dieser Unterfamilie stammen aus dem Oberoligozän vor 27 Millionen Jahren bis zum Untermiozän vor 17 Millionen Jahren. Bekannt sind die Gattungen *Paraphysornis* von Sao Paulo in Brasilien und *Physornis* von Santa Cruz in Argentinien. *Paraphysornis* existierte vom Oberoligozän bis zum Untermiozän. Die erste wissenschaftliche Beschreibung der vor etwa 23 Millionen Jahren lebenden Art *Paraphysornis brasiliensis* erfolgte 1982 durch Herculano M. F. Alvarenga. Dieser Terrorvogel war etwa 2,20 Meter hoch und erreichte ein Lebendgewicht von schätzungsweise 200 Kilogramm. Alvarenga entdeckte 1977 die fossilen Reste dieses Vogels, als er während eines Streiks an seiner Universität viel freie Zeit hatte, in einer Tongrube nahe seines Geburtsortes Taubaté. Die Knochen kamen in Ablagerungen eines ehemaligen Sees zum Vorschein. *Physornis* trat vom Mittleren bis Oberen Oligozän vor etwa 28 bis 23 Millionen Jahren in Santa Cruz (Argentinien) auf.

Zur Unterfamilie Phorusrhacinae rechnet man vier mittelgroße bis sehr große Gattungen mit einer Höhe von 2 bis mehr als 3 Metern vom Oberen Oligozän vor etwa 27 Millionen Jahren bis zum Pliozän vor rund 3 Millionen Jahren. Dabei handelte es sich um schnelle Beutegreifer. Dazu zählen die Gattungen *Devincenzia* (Oberes Miozän bis Unteres Pliozän in Nordostargentinien und Uruguay), *Kelenken* (Mittleres Miozän von Rio Negro in Argentinien), *Phorusrhacos* (Unteres bis Mittleres Miozän in Südamerika) und *Titanis* (Pliozän bis Altpleistozän). Der 2007 von Sara Bertelli, Louis M. Chiappe und Claudia Tambussi erstmals beschriebene *Kelenken* gilt mit einer Höhe von mehr als 3 Metern als der größte ausgestorbene Terrorvogel. Die einzige bekannte Art *Kelenken guillermoi* ist nach dem furchterregenden Geist „kelenken" des Tehuelche-Stammes in Patagonien und dem Entdecker der Fossilien, Guillermo Aguire-Zabala, benannt. Bis zu 2,50 Meter hoch und maximal 250 Kilogramm schwer war der 1931 durch den argentinischen Paläontologen Lucas Kraglievich (1886–1932) beschriebene *Devincenzia*. Der Terrorvogel *Devincenzia pozzi* hatte einen 65 Zentimeter langen Schädel und *Phorusrhacos longissimus*

*Lebensbild des Terrorvogels Kelenken
von User „Funk Monk" bei „Wikipedia"*

einen 60 Zentimeter langen Schädel. Der 1963 durch den amerikanischen Paläontologen Pierre Brodkorb (1908–1992) beschriebene *Titanis* existierte vom Pliozän vor 5,3 Millionen Jahren bis zum Eiszeitalter vor 1,5 Millionen Jahren in Nordamerika (Florida und Texas). Er erreichte eine Höhe bis zu 2,50 Meter Höhe und ein Lebendgewicht bis zu schätzungsweise 150 Kilogramm. Experten glauben, dass *Titanis* ein aktiver Räuber war und eine Höchstgeschwindigkeit von 65 Stundenkilometern erreichte.

Zur Unterfamilie Patagornithinae stellt man drei mittelgroße Gattungen bis zu 1,50 Metern: *Patagornis* (Unteres bis Mittleres Miozän von Santa Cruz in Argentinien), *Andrewsornis* (Mittleres bis Oberes Oligozän in Südargentinien) und *Andalgalornis* (Oberes Miozän bis Unteres Pliozän). *Patagornis* („Vogel von Patagonien") wurde 1891 durch Perito Moreno und Alcides Mercerat beschrieben. Die Art *Patagornis marshi* gilt als wendiger Sprinter, der ähnlich flink und schnell wie ein Gepard ein Beutetier zur Strecke brachte. Die Erstbeschreibung von A*ndrewsornis* erfolgte 1941 durch den amerikanischen Paläontologen Bryan Patterson (1909–1979), diejenige von *Andalgornis* 1960 durch Bryan Patterson und Lucas Kraglievich.

Zur Unterfamilie Psilopterinae ordnet man drei kleine Gattungen, die vom Paläozän vor etwa 63 Millionen Jahren bis zum Pliozän vor rund 3 Millionen Jahren existierten. Die Gattungen *Psilopterus* (Mittleres Oligozän bis Oberes Miozän in Süd- und Ostargentinien), *Procariama* (Oberes Miozän bis Unteres Pliozän von Catamarca in Argentinien) und *Palaeopsilopteru*s (Mittleres Paläozän von Itboraí in Brasilien) könnten möglicherweise einen Rest von Flugfähigkeit bewahrt haben. *Psilopterus* wurde 1891 durch Perito Moreno und Alices Mercerat beschrieben. *Psilopterus lemoinei* gilt als der kleinste bekannte Terrorvogel. Er war ähnlich groß wie eine Harpye *(Harpya harpyja)* mit einer Körperlänge bis zu 1 Meter und einer Flügelspannweite bis zu 2 Metern sowie etwa 8 Kilogramm schwer. *Procariama* wurde 1914 durch den argentinischen Geologen und Paläontologen Cayetano Rovereto (1870–1952) beschrieben. Erstbeschreiber von *Palaeo-*

*Heutige Harpye (Harpya harpyja)
im Flug*

*Lebensbild
des Terrorvogels
Titanis walleri
von Dmitry
Bogdanov
bei „Wikipedia"*

Amerikanischer Paläontologe Pierce Brodkorb (1908–1992) mit einem Laufbein (dunkler Knochen rechts) von Titanis walleri

Lebensbild des Terrorvogel Andalgornis
von „John.Conway" bei „Wikipedia"

Lebensbild des Terrorvogel Psilopterus lemoinei von User „Funk Monik" bei „Wikipedia"

*Lebensbild des Terrorvogel Procariama simplex
von User „Smokeybjb" bei „Wikipedia"*

*Größenvergleich
großer Vögel
aus der Urzeit
(von links
nach rechts):
Kelenken guillermoi,
Phorusrhacos
longissimus,
Titanis walleri und
Gastornis parisiensis.
Zeichnung von
„Shepherdfan"
bei „Wikiepedia"*

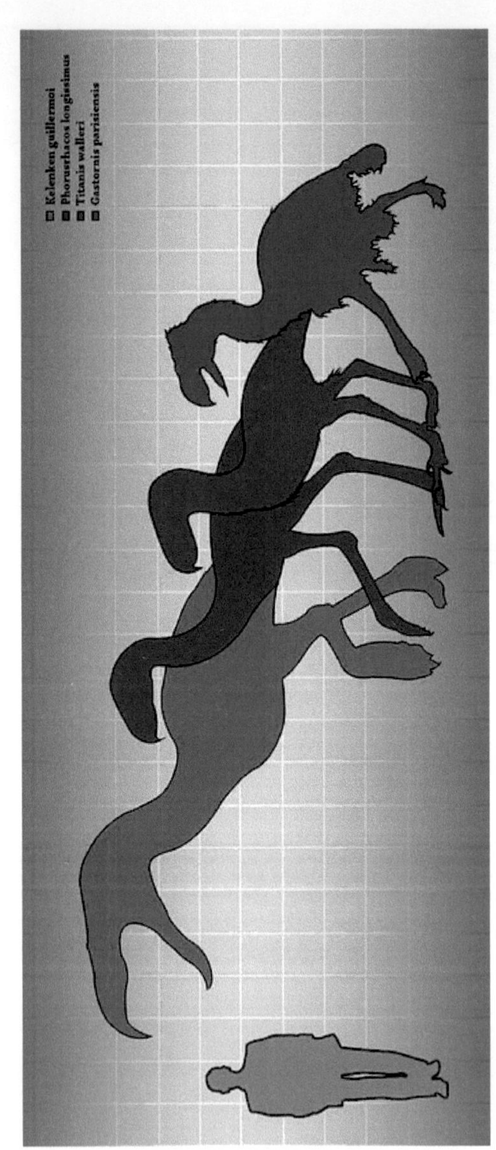

*psilopteru*s waren 2003 Herculano M. F. Alvarenga und Elizabeth Höfling.

Die Unterfamilie Mesembriornithinae umfasst die Gattung *Mesembriornis*, die sich vom Oberen Miozän bis zum Oberen Pliozän behauptete. *Mesembriornis* wurde 1889 von Perito Moreno beschrieben. Zur Gattung *Mesembriornis* gehören zwei ungefähr 1 bis 1,50 Meter hohe Arten namens *Mesembriornis incertus* und *Mesembriornis milneedwardsi*.

Für flugunfähige Räuber wie die Terrorvögel ist bei der Jagd auf Beutetiere eine hohe Laufgeschwindigkeit wichtig. Um herauszufinden, wie schnell diese Tiere maximal laufen konnten, entwickelten die an der Universität in Montevideo (Uruguay) arbeitenden Wissenschaftler Ernesto Blanco und Washington Jones ein Modell, in das unter anderem das Längenverhältnis von Oberschenkel, Unterschenkel und Fuß sowie das Gewicht der Vögel einflossen. Auf diese Weise berechneten die beiden Forscher exemplarisch die Laufgeschwindigkeiten für drei Arten der Terrorvögel. Die Zuverlässigkeit ihrer Berechnung überprüften sie anhand von drei heute lebenden Laufvögeln, nämlich dem Nandu, dem Strauß und dem Emu.

Die von Blanco und Jones erzielten Ergebnisse überraschten. Selbst Terrorvögel mit einem Lebendgewicht von schätzungsweise 350 Kilogramm konnten Spitzengeschwindigkeiten bis zu 65 Stundenkilometern erreichen. Damit waren jene urzeitlichen Raubvögel etwa so schnell wie Laufvögel der Gegenwart, die bis zu 65 Stundenkilometer schaffen. Bei einer der untersuchten urzeitlichen Vogelgattungen waren die Knochen extrem überdimensioniert und stabil. Damit konnte dieser Vogel durch einen Tritt einen Knochen zerbrechen.

Wie der bis zu 1,40 Meter große Terrorvogel *Andalgalornis steulleti* im Obermiozän vor etwa 6 Millionen Jahren in Südamerika jagte, haben der argentinische Forscher Federico Degrange von der Unversität La Plata und andere Wissenschaftler 2010 im Fachjournal „PloS One" geschildert. Demnach attackierte dieser Vogel ein Beutetier so, wie ein heutiger Boxer auf seinen Gegner losgeht. *Andalgalornis* verbiss sich

Jagdtechnik eines Terrorvogels,
Zeichnung von User „Alannis" bei „Wikipedia"

nicht in sein Opfer und schüttelte es, wie es heutige Raubvögel praktizieren. Denn dabei hätte durch seitliche Bewegungen des sich wehrenden Beutetieres leicht der lange Schnabel des mittelgroßen Terrorvogels brechen können. Stattdessen setzte *Andalgalornis* seinen Kopf und seinen Schnabel wie eine Axt ein und startete damit wiederholt kurze Angriffe.

Von der Schnabelspitze bis zum Hals erreichte der Kopf von *Andalgalornis* eine Länge bis zu 37 Zentimetern. Davon entfielen rund zwei Drittel – also fast 25 Zentimeter – auf den Schnabel. Mit Hilfe der Computertomographie fanden die Wissenschaftler heraus, dass der Schädel von *Andalgalornis* merklich fester war als bei Vögeln sonst üblich. Die einzelnen Knochenteile, die bei den meisten heutigen Vögeln mit flexiblem, stoßdämpferartigem Gewebe verbunden sind, waren bei *Andalgarornis* durch feste, knochige Strukturen verknüpft. Der Schädel hielt vor allem Zug- und Stoßkräfte in Längsrichtung und von oben nach unten aus. Bei seitlich auf ihn einwirkenden Kräften hatte er erhebliche Schwächen.

Literatur

ALVARENGA, Herculano M.F. / HÖFLING, Elizabeth: Systematic revision of the Phorusrhacidae (Aves: Ralliformes). Papéis Avulsos de Zoologia, 43(4): S. 55–91, Sao Paulo 2003

ALVARENGA, Herculano M.F. / JONES, Washington / RINDERKNECHT, Andrés: The youngest record of phorusrhacid birds (Aves, Phorusrhacidae) from the late Pleistocene of Uruguay. Neues Jahrbuch für Geologie und Paläontologie Abhandlungen, 256/2: S. 229–234, Stuttgart 2010

AMEGHINO, Fiorentino: Enumeración sistemática de las espécies de mamíferos fósiles coleccionados por Carlos Ameghino en los terrenos Eocenos de la Patagonia austral y depositados en el Museo de La Plata. Boletim Museo La Plata, 1: S. 1–26, La Plata 1887

AMEGHINO, Fiorentino: Contribuición al conocimiento de los mamíferos fósiles de la República Argentina. Actas Academia Nacional Ciencias de Cordoba, 6: S. 1–1028, Cordoba 1889

AMEGHINO, Fiorentino: Mamíferos y aves fósiles Argentinos: espécies nuevas: adiciones y correciones. Revista Argentina Historia Natural, 1: S. 240–259, Buenos Aires 1891

AMEGHINO, Fiorentino: Enumeración de las aves fósiles de la República Argentina. Revista Argentina Historia Natural, 1: S. 441–453, Buenos Aires 1891

BRODKORB, Pierce: A giant flightless bird from the Pleistocene of Florida. Auk 80 (2), S. 111–115, Berkeley 1963

COX, Barry / DIXON, Dougal / GARDINER, Brian / SAVAGE, R. J. G.: *Phorusrhacus inflatus*. In: Dinosaurier und andere Tiere der Vorzeit, S. 181, München 1989

LINGENHÖHL, Daniel: Paläornithologie. Die Schrecken der Pampa. Spektrum der Wissenschaft, 26. Oktober 2006

MORENO, Francisco Pascasio: Breve reseña de los progresos del Museo La Plata, durante el segundo semestre de 1888. Boletin del Museo La Plata, 3: S. 1–44, La Plata 1889

MORENO, Francisco Pascasio / MERCERAT, Alicides: Catálogo de los pájaros fósiles de la República Argentina conservados en el Museo de La Plata. Anales del Museo de La Plata, 1: S. 7–71, La Plata 1891

SPIEGEL-ONLINE: So jagten die tödlichsten Räuber Südamerikas, 19. August 2010
http://www.spiegel.de/wissenschaft/natur/terrorvoegel-so-jagten-die-toedlichsten-raeuber-suedamerikas-a-712561.html

WIKIPEDIA (Online-Lexikon) *Phorusrhacos*
http://de.wikipedia.org/wiki/Phorusrhacos

WIKIPEDIA (Online-Lexikon) *Titanis*
http://de.wikipedia.org/wiki/Titanis

Bildquellen

Modell des Terrorvogels Phorusrhacos
im Dinosaurier-Park beim Ausstellungs- und Verkaufsgebäude
„Oliv-Art" für Olivenholzprodukte in Manacar auf Mallorca,
Foto: Frank Vincentz bei „Wikipedia"

Teile des Vogelskeletts

1 Schädel (Cranium)
2 Halswirbel
3 Gabelbein (Furcula)
4 Rabenbein (Coracoid)
5 Rippe
6 Brustbeinkamm (Carina sterni)
7 Kniescheibe (Patella)
8 Tarsometatarsus
9 erste Zehe
10 Tibiotarsus
11 Wadenbein (Fibula)
12 Oberschenkelknochen
13 Schambein
14 Sitzbein
15 Darmbein
16 Schwanzwirbel
17 Pygostyl
18 Synsacrum
19 Schulterblatt
20 Notarium
21 Oberarmknochen (Humerus)
22 Elle (Ulna)
23 Speiche
24 Carpometacarpus
25 Digitus minor
26 Digitus major
27 Daumen oder Alula (Digitus alulae)

Quelle: Wikipedia

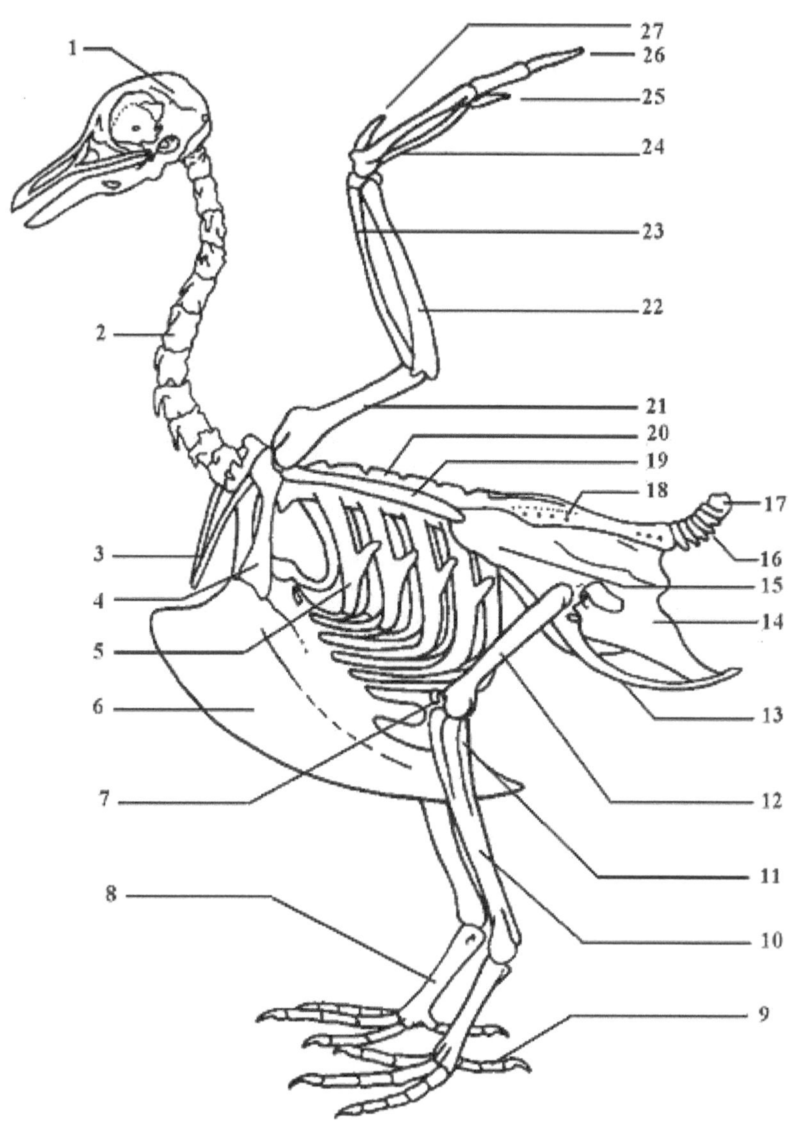

Autor Ernst Probst

Der Autor

Ernst Probst, geboren am 20. Januar 1946 in Neunburg vorm Wald im bayerischen Regierungsbezirk Oberpfalz, ist Journalist und Wissenschaftsautor. Er arbeitete von 1968 bis 1971 als Redakteur bei den „Nürnberger Nachrichten", von 1971 bis 1973 in der Zentralredaktion des „Ring Nordbayerischer Tageszeitungen" in Bayreuth und von 1973 bis 2001 bei der „Allgemeinen Zeitung", Mainz. In seiner Freizeit schrieb er Artikel für die „Frankfurter Allgemeine Zeitung", „Süddeutsche Zeitung", „Die Welt", „Frankfurter Rundschau", „Neue Zürcher Zeitung", „Tages-Anzeiger", Zürich, „Salzburger Nachrichten", „Die Zeit", „Rheinischer Merkur", „Deutsches Allgemeines Sonntagsblatt", „bild der wissenschaft", „kosmos", „Deutsche Presse-Agentur" (dpa), „Associated Press" (AP) und den „Deutschen Forschungsdienst" (df). Aus seiner Feder stammen die Bücher „Deutschland in der Urzeit" (1986), „Deutschland in der Steinzeit" (1991), „Rekorde der Urzeit" (1992), „Dinosaurier in Deutschland" (1993 zusammen mit Raymund Windolf) und „Deutschland in der Bronzezeit" (1996). Von 2001 bis 2006 betätigte sich Ernst Probst als Buchverleger sowie zeitweise als internationaler Fossilienhändler und Antiquitätenhändler. Insgesamt veröffentlichte er mehr als 300 Bücher, Taschenbücher, Broschüren und über 300 E-Books.

Größenvergleich zwischen dem Terrorvogel
Kelenken guillermoi
und einem heutigen Menschen,
Zeichnung von Piotr Gryz, Warschau

Bücher von Ernst Probst

Aepyornis. Der Vogel, der die größten Eier legte
Archaeopteryx. Die Urvögel aus Bayern
Argentavis. Der größte fliegende Vogel
Brontornis. Riesenvögel in Argentinien
Dinornis. Der größte Vogel aller Zeiten
Dromornis. Der schwerste Vogel aller Zeiten
Gastornis. Der verkannte Terrorvogel
Harpagornis. Der größte Greifvogel der Neuzeit
Hesperornis. Der große Vogel des Westens
Pelagornis. Der größte Meeresvogel
Phorusrhacos. Der riesige Terrorvogel
Rekorde der Urzeit. Landschaften, Pflanzen und Tiere
Rekorde der Urmenschen. Erfindungen, Kunst
und Religion
Tiere der Urwelt. Leben und Werk
des Berliner Malers Heinrich Harder
Dinosaurier von A bis K. Von Abelisaurus
bis zu Kritosaurus
Dinosaurier von L bis Z. Von Labocania
bis zu Zupaysaurus
Dinosaurier in Deutschland
Dinosaurier in Baden-Württemberg
Dinosaurier in Bayern
Dinosaurier in Niedersachsen
Raub-Dinosaurier von A bis Z
Der Ur-Rhein. Rheinhessen vor zehn Millionen Jahren
Als Mainz noch nicht am Rhein lag
Der Rhein-Elefant. Das Schreckenstier von Eppelsheim
Krallentiere am Ur-Rhein

Menschenaffen am Ur-Rhein
Säbelzahntiger am Ur-Rhein
Johann Jakob Kaup. Der große Naturforscher
aus Darmstadt
Säbelzahnkatzen. Von Machairodus bis zu Smilodon
Die Säbelzahnkatze Machairodus
Die Säbelzahnkatze Homotherium
Die Dolchzahnkatze Megantereon
Die Dolchzahnkatze Smilodon
Deutschland im Eiszeitalter
Der Mosbacher Löwe
Höhlenlöwen. Raubkatzen im Eiszeitalter
Der Höhlenlöwe
Eiszeitliche Raubkatzen in Deutschland
Eiszeitliche Geparde in Deutschland
Eiszeitliche Leoparden in Deutschland
Löwenfunde in Deutschland, Österreich
und der Schweiz
Der Höhlenbär
Das Mammut
Monstern auf der Spur. Wie die Sagen über Drachen, Riesen
und Einhörner entstanden
Affenmenschen. Von Bigfoot bis zum Yeti
Nessie. Das Monsterbuch
Seeungeheuer. 100 Monster von A bis Z
Tiere der Urwelt. Leben und Werk des Berliner Malers
Heinrich Harder

Bestellungen bei: www.grin.com